WICHTIGE TIPPS FÜR ELTERN

BEVOR ES MIT DEM LERNSPAß FÜR DICH UND DEIN KIND LOSGEHT, MÖCHTE ICH DIR NOCH EIN PAAR TIPPS UND TRICKS MITGEBEN. ICH ZEIGE DIR WIE DEIN KIND SPIELEND LEICHT LERNT UND WIE DU DABEI UNTERSTÜTZEN KANNST.

TIPP 1: LASS DIR NEUEN INHALT VON DEINEM KIND ERKLÄREN

DER LERNINHALT FESTIGT SICH, WENN MAN SEIN WISSEN WEITERGIBT.
LASS DIR NEU ERLERNTE SACHEN VON DEINEM KIND ERKLÄREN. UM ZU PRÜFEN, OB DER LERNSTOFF WIRKLICH SITZT, KANNST DU RÜCKFRAGEN STELLEN.

TIPP 2: ÜBERFORDERUNG ODER UNTERFORDERUNG PRÜFEN

SOLLTE DEIN KIND ZU LANGE LERNZEITEN HABEN ODER ÜBER- ODER UNTERFORDERT SEIN, WIRD SICH DAS NEGATIV AUF DEN LERNERFOLG AUSWIRKEN. DEIN SCHÜTZLING WIRD GENERVT, NERVÖS UND ERFOLGE BLEIBEN AUS. DIE AUFMERKSAMKEIT UND SO AUCH DIE MOTIVATION GEHEN FLÖTEN.

DURCH ACHTSAMKEIT UND VERSTÄNDNIS KANNST DU RECHTZEITIG UNTERSTÜTZEN.

TIPP 3: FESTE GEWOHNHEITEN UND ZEITEN

FESTE ABLÄUFE UND GEWOHNHEITEN SIND WICHTIG FÜR DEIN KIND. DAS UNTERBEWUSSTSEIN STELLT SICH DURCH REGELMÄßIGE ABLÄUFE EIN. PLANE ALLE 20 MINUTEN EINE PAUSE VON MAXIMAL 5 MINUTEN EIN.

ABER WIE LANGE KANN SICH DEIN KIND KONZENTRIEREN?

DIE FAUSTREGEL: ALTER DES KINDES MAL 2. VIERJÄHRIGE KÖNNEN SICH Z.B. 8 MINUTEN AM STÜCK KONZENTRIEREN.

TIPP 4: DIE RICHTIGE SPRACHE FINDEN

FOLGENDE SÄTZE KÖNNEN WUNDER WIRKEN:

- „ICH BIN STOLZ AUF DICH" IN UNMOTIVIERTEN PHASEN
- „WIE IST DEINE MEINUNG DAZU?" JETZT FÜHLT SICH DEIN KIND ERNST GENOMMEN
- „DU HAST DICH SUPER VERBESSERT. ES LOHNT SICH ANZUSTRENGEN" FORTSCHRITTE EXTRA LOBEN
- „WIE KANN ICH DIR HELFEN?" MIT UNTERSTÜTZUNG TRAUT SICH DEIN KIND MEHR ZU

TIPP 5: DAS GANZE GEHIRN NUTZEN

DAS GEHIRN LIEBT GESCHICHTEN, BILDER, BEGEISTERUNG, FARBEN, SPAß UND GUTE GEFÜHLE.

DAS GEHIRN HASST KRITIK, DRUCK, FRUST UND WISSEN OHNE ANWENDUNG.

TIPP 6: DAS RICHTIGE LERNKLIMA

NICHT NUR BEI ERWACHSENEN, SONDERN AUCH BEI KINDERN IST AUSREICHEND SCHLAF UND BEWEGUNG WICHTIG. GESUNDES ESSEN, EIN AUFGERÄUMTER SCHREIBTISCH UND EINE RUHIGE UMGEBUNG WIRKEN SICH POSITIV AUF DEN LERNERFOLG AUS.

TIPP 7: DAS WORT „LERNEN" ERSETZEN

VERWENDE AUCH WÖRTER WIE HERAUSFINDEN, ENTDECKEN ODER EXPERIMENTIEREN.

VERMEIDE ES EINE ART ERSATZLEHRER ZU WERDEN. DAS KANN DIE BEZIEHUNG BELASTEN.

DREH DIE ROLLEN UM UND LASS DIR VON DEINEM KIND ETWAS NEU GELERNTES ERKLÄREN.

TIPP 8: LERNEN IM ALLTAG

LERNEN KANN MAN ÜBERALL. LASS DEIN KIND BEIM BACKEN ZÄHLEN ODER GESCHICHTEN ÜBER DIE NATUR BEIM SPAZIERGANG ERZÄHLEN.

TIPP 9: SPIELEN IST LERNEN

BEIM SPIELEN FÖRDERT SICH DEIN KIND SELBST.

INDEM DEIN KIND ROLLEN ÜBERNIMMT UND SICH IN ANDERE HINEINVERSETZT WIRD DAS SOZIALVERHALTEN ENTWICKELT.

SELBSTSICHERHEIT GIBT DAS ENTDECKEN UND ERKUNDEN DER UMGEBUNG.

SPIELERISCHES LERNEN MACHT GLÜCKLICH UND HAT EINEN GROßEN EINFLUSS AUF DIE HIRNENTWICKLUNG.

1	2	3	4	5	6	7	8	9	10
11	12	13	14	15	16	17	18	19	20
21	22	23	24	25	26	27	28	29	30
31	32	33	34	35	36	37	38	39	40
41	42	43	44	45	46	47	48	49	50
51	52	53	54	55	56	57	58	59	60
61	62	63	64	65	66	67	68	69	70
71	72	73	74	75	76	77	78	79	80
81	82	83	84	85	86	87	88	89	90
91	92	93	94	95	96	97	98	99	100

FÜLLE DIE LÜCKEN AUS!
SCHWIERIGKEIT 1

1		3	4	5	6	7	8		10
	12		14	15		17	18		20
21	22	23	24	25		27	28		30
31	32	33	34			37	38	39	40
41	42			45		47	48	49	50
51	52		54	55			58	59	60
61			64	65	66		68	69	70
			74	75	76	77		79	80
81		83	84		86	87		89	90
91	92	93		95	96		98	99	100

	2	3	4	5	6	7	8	9	
11		13	14	15	16	17	18		20
21	22		24	25	26	27		29	30
31	32	33		35	36		38	39	40
41	42	43	44			47	48	49	50
51	52	53	54			57	58	59	60
61	62	63		65	66		68	69	70
71	72		74	75	76	77		79	80
81		83	84	85	86	87	88		90
	92	93	94	95	96	97	98	99	

FÜLLE DIE LÜCKEN AUS!
SCHWIERIGKEIT 2

1			4	5	6	7	8		10
	12		14			17	18		20
21	22	23				27	28		30
31	32	33					38	39	
				45				49	50
51	52		54				58	59	60
61			64		66		68	69	
			74		76	77		79	80
81		83	84		86	87			90
91	92	93		95	96		98		100

	2				6	7	8		10
				15	16		18		
21									
31	32			35		37	38	39	40
41		43		45		47	48	49	
	52				57	58	59	60	
61		63							70
71	72		74	75			78		80
81			84	85					
91	92	93		95	96	97	98		100

FÜLLE DIE LÜCKEN AUS!
SCHWIERIGKEIT 3

						7	8		10
			14						20
21		23				27			30
31	32	33							
51	52								60
61					66				
								79	80
81									
				95	96		98		

1									
									100

WELCHE ZAHLEN SIND DAS?

ELF _____

VIERZIG _____

ZWEIUNDZWANZIG _____

SECHSUNDNEUNZIG _____

FÜNFZEHN _____

VIERUNDZWANZIG _____

SECHSUNDVIERZIG _____

VIERZIG _____

ACHTZEHN _____

DREIUNDDREISSIG _____

EINUNDFÜNFZIG _____

DREIUNDNEUNZIG _____

ZWÖLF _____

EINUNDZIEBZIG _____

DREIßIG	_____
EINUNDACHTZIG	_____
DREIUNDFÜNFZIG	_____
SIEBENUNDSECHZIG	_____
VIERUNDFÜNFZIG	_____
SIEBZIG	_____
NEUNUNDNEUNZIG	_____
EINUNDZWANZIG	_____
ACHTUNDSECHZIG	_____
NEUNZEHN	_____
SIEBENUNDZWANZIG	_____
EINUNDACHTZIG	_____
VIERUNDNEUNZIG	_____
FÜNFUNGFÜNZIG	_____
EINUNDVIERZIG	_____
NEUNUNDSECHSZIG	_____

×	1	2	3	4	5	6	7	8	9	10
1	1	2	3	4	5	6	7	8	9	10
2	2	4	6	8	10	12	14	16	18	20
3	3	6	9	12	15	18	21	24	27	30
4	4	8	12	16	20	24	28	32	36	40
5	5	10	15	20	25	30	35	40	45	50
6	6	12	18	24	30	36	42	48	54	60
7	7	14	21	28	35	42	49	56	63	70
8	8	16	24	32	40	48	56	64	72	80
9	9	18	27	36	45	54	63	72	81	90
10	10	20	30	40	50	60	70	80	90	100

FÜLLE DIE 1×1 TABELLE AUS
SCHWIERIGKEIT 1

×	1	2	3	4	5	6	7	8	9	10
1	1	2	3	4	5	6		8	9	10
2	2		6		10	12	14	16		20
3	3	6			15	18	21	24	27	30
4	4	8		16		24		32	36	40
5	5	10	15	20	25	30		40	45	
6	6	12	18	24		36	42	48	54	60
7	7	14			35	42	49	56		70
8	8		24	32	40	48	56		72	80
9		18	27		45	54	63	72	81	90
10	10	20	30	40		60		80	90	100

	1	2	3	4	5	6	7	8	9	10
1		2	3		5	6	7		9	10
2	2	4	6	8		12		16	18	20
3	3		9		15		21	24	27	30
4	4	8	12	16	20	24	28	32	36	
5	5		15		25		35	40	45	
6	6	12	18	24	30		42		54	60
7	7	14		28	35	42	49	56	63	70
8	8	16	24	32	40		56		72	
9	9			36	45	54	63		81	90
10	10	20	30	40		60		80	90	100

FÜLLE DIE 1×1 TABELLE AUS
SCHWIERIGKEIT 2

×	1	2	3	4	5	6	7	8	9	10
1	1	2	3	4	5	6		8	9	
2	2		6		10	12	14	16		20
3		6			15		21		27	
4		8				24		32	36	40
5	5	10	15		25			40	45	
6	6		18	24		36	42		54	60
7	7	14			35	42		56		70
8	8		24	32	40		56		72	80
9			27		45	54	63	72		90
10	10		30	40		60		80		100

×	1	2	3	4	5	6	7	8	9	10
1		2	3		5	6	7		9	
2	2	4	6			12		16	18	20
3	3				15		21	24		
4	4		12	16			28	32		
5	5		15		25		35		45	
6	6	12	18	24			42		54	60
7	7	14		28		42	49		63	70
8	8	16					56		72	
9	9			36	45	54			81	90
10	10	20		40		60		80	90	100

FÜLLE DIE 1×1 TABELLE AUS
SCHWIERIGKEIT 3

×	1	2	3	4	5	6	7	8	9	10
1				4	5	6		8	9	10
2	2									
3	3									
4	4									
5	5									
6	6									
7	7									
8	8									
9		18	27		45	54	63	72	81	90
10	10	20	30	40		60		80	90	100

	1	2	3	4	5	6	7	8	9	10
1						6	7		9	10
2	2					12		16	18	20
3	3									30
4	4									
5	5		15		25					
6	6									60
7										70
8										
9										90
10		20	30	40						100

LEERE 1 × 1 TABELLEN ZUM AUSFÜLLEN

×	1	2	3	4	5	6	7	8	9	10
1										
2										
3										
4										
5										
6										
7										
8										
9										
10										

	1	2	3	4	5	6	7	8	9	10
1										
2										
3										
4										
5										
6										
7										
8										
9										
10										

LEERE 1 × 1 TABELLEN ZUM AUSFÜLLEN

	1	2	3	4	5	6	7	8	9	10
1										
2										
3										
4										
5										
6										
7										
8										
9										
10										

	1	2	3	4	5	6	7	8	9	10
1										
2										
3										
4										
5										
6										
7										
8										
9										
10										

LEERE 1 × 1 TABELLEN ZUM AUSFÜLLEN

	1	2	3	4	5	6	7	8	9	10
1										
2										
3										
4										
5										
6										
7										
8										
9										
10										

	1	2	3	4	5	6	7	8	9	10
1										
2										
3										
4										
5										
6										
7										
8										
9										
10										

LEERE 1 × 1 TABELLEN ZUM AUSFÜLLEN

	1	2	3	4	5	6	7	8	9	10
1										
2										
3										
4										
5										
6										
7										
8										
9										
10										

	1	2	3	4	5	6	7	8	9	10
1										
2										
3										
4										
5										
6										
7										
8										
9										
10										

LEERE 1 × 1 TABELLEN ZUM AUSFÜLLEN

	1	2	3	4	5	6	7	8	9	10
1										
2										
3										
4										
5										
6										
7										
8										
9										
10										

	1	2	3	4	5	6	7	8	9	10
1										
2										
3										
4										
5										
6										
7										
8										
9										
10										

HALBIERE ODER VERDOPPEL DIE ZAHLEN

DIE ZAHL	2	8	10	5	7	4	9
DAS DOPPELTE							

DIE ZAHL	8	12	4	6	14	16	18
DIE HÄLFTE							

DIE ZAHL	3		9	7			5
DAS DOPPELTE		6			16	10	

DIE ZAHL		3					5
DAS DOPPELTE	2		8	16	20	18	

DIE ZAHL	40	22	86	66	32	88	38
DIE HÄLFTE							

DIE ZAHL	13	18	43	42	50	25	21
DAS DOPPELTE							

DIE ZAHL	42	74	78	82	52	74	60
DIE HÄLFTE							

DIE ZAHL	46		11	18			37
DAS DOPPELTE		40			18	80	

DIE ZAHL		3					5
DAS DOPPELTE	2		8	16	20	18	

HALBIERE ODER VERDOPPEL DIE ZAHLEN

DIE ZAHL	4	14	44	24	34	64	54
DIE HÄLFTE							

DIE ZAHL	19	48	39	28	17	31	26
DAS DOPPELTE							

DIE ZAHL	10		15	25			45
DAS DOPPELTE		10			56	18	

DIE ZAHL		38					30
DIE HÄLFTE	2		8	16	20	18	

DIE ZAHL	42	30	14	36	84	92	100
DIE HÄLFTE							

DIE ZAHL	25	27	38	18	24	46	50
DAS DOPPELTE							

DIE ZAHL	84	92	96	76	70	64	54
DIE HÄLFTE							

DIE ZAHL	17		37	41			49
DAS DOPPELTE		52			86	90	

DIE ZAHL		2					14
DIE HÄLFTE	28		9	14	22	23	

WAS IST GRÖSSER, KLEINER ODER GLEICH? SETZE DIE RICHTIGEN ZEICHEN EIN > < =

25	<	98	86	>	50	50	<	87
68	>	54	48	>	12	52	>	45
44	>	16	98	>	35	38	<	54
51	>	22	89	>	58	9	<	11
23	<	33	14	<	84	96	>	29

19	<	25	29	<	46	60	<	75	91	>	10
26	<	47	41	<	83	46	>	44	65	<	72
73	<	84	80	>	16	69	>	31	44	<	89
82	>	45	21	<	39	77	>	14	41	<	64
21	<	66	20	>	11	48	<	51	82	>	48

55	>	20	98	>	44	60	<	67	10	>	9
76	>	54	64	<	67	63	<	76	22	<	76
44	<	86	46	<	75	44	<	45	83	>	62
21	<	77	13	<	46	59	>	51	48	>	17
30	<	68	31	<	52	27	>	13	82	>	25

68	<	99	51	<	89	95	>	70	91	>	90
35	>	10	72	>	5	15	<	45	65	>	11
72	>	52	45	<	56	31	<	56	44	>	21
38	>	26	67	>	45	59	<	78	16	<	52
15	<	38	84	>	54	84	=	84	71	>	45

55		92		60		88		56		80		67		96
69		63		25		47		44		4		95		74
74		45		51		64		61		66		73		74
14		12		28		76		43		75		94		58
22		23		34		53		28		52		21		29

84		88		86		11		10		56		90		59
84		75		79		22		12		66		11		61
27		46		84		34		37		44		65		42
25		67		45		68		45		87		42		83
69		79		95		44		53		58		61		54

11		86		59		76		79		89		69		67
32		48		65		95		86		76		99		65
16		45		54		47		44		54		36		86
44		26		14		84		75		25		12		44
85		44		25		52		24		44		51		22

18		36		88		60		91		92		75		91
26		69		54		36		74		65		87		62
50		77		56		17		54		36		55		64
45		94		62		54		74		75		33		22
41		82		12		45		52		54		46		10

**WAS IST GRÖßER, KLEINER ODER GLEICH?
SETZE DIE RICHTIGEN ZEICHEN EIN** (>, <, =)

25	1	26	25	20	45		
15	26	25	58	10	65		
25	67	1	69	45	47		
26	58	44	64	63	41		
56	55	48	57	95	52		

25	27	20	21	56	36	98	36
36	58	58	20	87	48	54	4
39	64	74	36	73	52	74	58
84	54	63	87	69	14	10	48
52	12	24	82	54	58	0	87

98	5	54	96	84	10	62	16
85	47	65	63	74	25	32	78
62	85	25	50	56	47	52	52
52	62	84	41	52	87	15	50
50	31	74	52	20	56	14	61

98	89	10	12	14	58	10	69
52	56	23	20	56	54	23	63
64	23	48	54	78	63	48	25
10	45	52	48	52	84	58	48
22	12	50	52	20	51	69	45

84		8
52		7
50		54
6		23
47		23

20		25
31		64
64		94
87		52
90		89

16		87
47		45
85		45
23		24
0		57

69		9
58		45
45		84
27		52
69		10

25		57
62		48
30		52
14		62
58		54

87		86
45		54
84		21
56		23
21		18

56		59
87		56
45		87
23		52
21		20

67		64
45		54
21		23
0		2
58		15

57		54
58		56
4		2
52		24
3		75

87		74
56		56
24		23
15		24
6		20

21		97
41		54
10		56
26		20
54		10

69		87
48		45
42		23
21		69
0		9

87		54
4		54
5		74
36		56
5		23

58		59
47		54
56		54
21		20
20		19

65		64
48		49
74		75
56		50
88		98

5		51
64		12
84		39
52		50
67		76

RECHNE DIE RECHENSCHLANGEN AUS!

| 45 | -6 | | x2 | | -6 | | :2 | 36 |

| 65 | -22 | | x2 | | -10 | | x1 | 76 |

| 45 | :5 | | x2 | | -16 | | x2 | 4 |

| 98 | -60 | | :2 | | +6 | | x2 | 50 |

| 2 | x4 | | x1 | | x4 | | :2 | 16 |

| 16 | +16 | | x2 | | +32 | | -41 | 55 |

| 50 | -46 | | x8 | | :4 | | +54 | 62 |

10	+70		:5		-10		+25	32
50	+5		-29		+61		-29	58
29	+5		+8		-16		+3	29
100	:2		:5		+25		-2	33
69	-19		x1		:10		x3	15
20	+20		x2		-22		-15	43
8	+46		-51		x4		+5	17
45	:5		x2		+43		-26	35
87	-56		+20		-26		x2	50
55	+35		:2		+25		-18	52
100	-94		x8		:4		+5	17

30	-6		x2		-6		:2	21
74	-24		x2		-10		x1	90
15	:5		x2		-5		x2	2
69	-60		:3		+6		x2	18
10	x4		x1		x2		-50	30
40	+6		x2		+3		-41	54
76	-46		x2		:4		+54	69

9	+70		-60		-10		+25	34
30	+5		-29		+61		-29	38
49	+5		+8		-16		+3	49
80	:2		:5		+25		-2	31
59	-19		x1		:10		x3	12
30	+20		x2		-22		-15	63
10	+46		-51		x4		+5	25
50	:5		x2		+43		-26	37
100	-56		+20		-26		x2	76
65	+35		:2		+25		-18	57
96	-94		x8		:4		+5	9

ORDNE DIE ZAHLEN DER GRÖSSE NACH AUFSTEIGEND

58 15 52 57 50   __ __ __ __ __

69 41 45 98 89   __ __ __ __ __

15 18 20 21 23   __ __ __ __ __

56 87 86 52 15   __ __ __ __ __

23 25 84 69 47   __ __ __ __ __

53 66 58 27 30   __ __ __ __ __

26 13 20 29 11   __ __ __ __ __

14 82 28 51 43   __ __ __ __ __

12 11 78 25 97   __ __ __ __ __

12 22 19 17 28   __ __ __ __ __

15 10 12 18 14   __ __ __ __ __

ORDNE DIE ZAHLEN DER GRÖSSE NACH ABSTEIGEND

26 24 87 85 50 __ __ __ __ __

26 28 30 45 44 __ __ __ __ __

47 60 85 15 36 __ __ __ __ __

26 14 20 15 16 __ __ __ __ __

84 78 48 87 18 __ __ __ __ __

25 65 85 69 66 __ __ __ __ __

10 12 16 17 15 __ __ __ __ __

19 47 74 28 39 __ __ __ __ __

27 28 32 43 63 __ __ __ __ __

57 68 17 18 20 __ __ __ __ __

27 46 84 26 47 __ __ __ __ __

ORDNE DIE ZAHLEN DER GRÖSSE NACH AUFSTEIGEND

46 21 57 82 90   __ __ __ __ __

56 67 21 32 57   __ __ __ __ __

56 54 2 3 78   __ __ __ __ __

34 76 78 70 60   __ __ __ __ __

50 30 40 10 20   __ __ __ __ __

65 55 78 50 15   __ __ __ __ __

71 28 39 40 41   __ __ __ __ __

28 38 30 32 47   __ __ __ __ __

45 15 35 25 78   __ __ __ __ __

10 11 78 15 25   __ __ __ __ __

38 17 25 47 16   __ __ __ __ __

ORDNE DIE ZAHLEN DER GRÖSSE NACH ABSTEIGEND

85 25 96 94 65   ___ ___ ___ ___ ___

28 30 32 33 47   ___ ___ ___ ___ ___

50 51 55 54 45   ___ ___ ___ ___ ___

26 29 30 45 47   ___ ___ ___ ___ ___

58 69 50 75 28   ___ ___ ___ ___ ___

35 30 74 10 15   ___ ___ ___ ___ ___

95 96 90 89 98   ___ ___ ___ ___ ___

10 17 74 71 47   ___ ___ ___ ___ ___

36 58 63 85 16   ___ ___ ___ ___ ___

77 66 17 18 10   ___ ___ ___ ___ ___

11 55 45 15 47   ___ ___ ___ ___ ___

ICH LERNE DIR DAS ADDIEREN

25	+	56	=
26	+	29	=
23	+	57	=
75	+	7	=
66	+	10	=
35	+	56	=
44	+	55	=
98	+	0	=
54	+	22	=
18	+	53	=
61	+	11	=
82	+	17	=
43	+	10	=
26	+	28	=
95	+	2	=
74	+	15	=
38	+	18	=
15	+	29	=
72	+	6	=
44	+	53	=
27	+	42	=
14	+	11	=
91	+	4	=
61	+	18	=
14	+	55	=

12	+	22	=
23	+	63	=
55	+	44	=
15	+	58	=
17	+	19	=
89	+	8	=
75	+	8	=
31	+	16	=
46	+	52	=
93	+	1	=
71	+	7	=
55	+	43	=
34	+	26	=
12	+	12	=
55	+	23	=
2	+	91	=
46	+	44	=
14	+	18	=
89	+	5	=
14	+	3	=
85	+	14	=
6	+	27	=
63	+	26	=
52	+	12	=
51	+	23	=

10	+	70	=
22	+	52	=
65	+	15	=
58	+	25	=
98	+	1	=
64	+	24	=
38	+	10	=
42	+	43	=
84	+	9	=
75	+	18	=
16	+	27	=
28	+	10	=
17	+	2	=
65	+	15	=
34	+	46	=
1	+	23	=
12	+	30	=
53	+	13	=
69	+	16	=
98	+	1	=
85	+	2	=
54	+	30	=
41	+	21	=
12	+	45	=
23	+	15	=

69	+	20	=
66	+	21	=
34	+	53	=
28	+	21	=
9	+	14	=
45	+	17	=
51	+	43	=
7	+	42	=
15	+	80	=
4	+	46	=
28	+	9	=
5	+	45	=
58	+	22	=
56	+	30	=
23	+	13	=
25	+	12	=
0	+	11	=
75	+	15	=
45	+	22	=
8	+	80	=
66	+	12	=
55	+	23	=
62	+	32	=
2	+	45	=
13	+	28	=

ICH LERNE DIR DAS SUBTRAHIEREN

10	-	10	=
50	-	30	=
90	-	50	=
40	-	20	=
20	-	10	=
30	-	10	=
40	-	30	=
70	-	50	=
80	-	60	=
60	-	50	=
50	-	20	=
20	-	10	=
10	-	0	=
30	-	20	=
20	-	0	=
50	-	40	=
40	-	20	=
80	-	70	=
60	-	50	=
40	-	10	=
80	-	60	=
50	-	40	=
20	-	10	=
30	-	20	=
40	-	30	=

75	-	58	=
83	-	65	=
91	-	76	=
55	-	47	=
88	-	18	=
74	-	52	=
64	-	21	=
55	-	14	=
86	-	12	=
83	-	20	=
58	-	11	=
97	-	82	=
99	-	35	=
95	-	46	=
25	-	24	=
23	-	12	=
20	-	18	=
11	-	5	=
48	-	31	=
55	-	22	=
32	-	11	=
13	-	0	=
66	-	32	=
35	-	0	=
28	-	17	=

88	-	46	=		88	-	8	=
84	-	17	=		97	-	11	=
95	-	31	=		89	-	35	=
56	-	52	=		48	-	16	=
46	-	45	=		57	-	54	=
74	-	0	=		64	-	18	=
55	-	15	=		26	-	5	=
62	-	46	=		34	-	26	=
71	-	68	=		46	-	2	=
41	-	17	=		68	-	11	=
50	-	21	=		74	-	25	=
25	-	11	=		55	-	31	=
16	-	2	=		68	-	2	=
83	-	4	=		14	-	1	=
46	-	41	=		36	-	12	=
88	-	72	=		51	-	43	=
77	-	35	=		72	-	52	=
89	-	56	=		66	-	55	=
66	-	14	=		25	-	21	=
54	-	32	=		20	-	0	=
45	-	13	=		32	-	11	=
83	-	56	=		96	-	73	=
91	-	67	=		71	-	42	=
90	-	48	=		57	-	21	=
56	-	19	=		95	-	42	=

SCHREIBE DIE FEHLENDE ZAHL IN DAS LEERE FELD

25	+	25	=	
66	-	52	=	
34	+	17	=	
73	+	18	=	
66	+	20	=	
23	-	16	=	
44	-	15	=	
59	+	13	=	
55	+	22	=	
61	+	15	=	
66	+	1	=	
78	-	47	=	
84	+	10	=	
42	+	28	=	
79	-	52	=	
47	+	35	=	
63	-	18	=	
11	+	9	=	
27	-	16	=	
64	+	13	=	
22	+	22	=	
11	-	1	=	
69	+	24	=	
96	-	78	=	
44	+	55	=	

15	+		=	45
42	-		=	21
65	+		=	69
85	+		=	96
77	+		=	99
99	-		=	52
55	-		=	11
13	+		=	66
24	+		=	48
89	+		=	99
47	+		=	89
58	-		=	13
73	+		=	87
41	+		=	65
45	-		=	22
62	+		=	76
66	-		=	51
14	+		=	68
29	-		=	16
54	+		=	88
75	+		=	99
68	-		=	44
39	+		=	69
25	-		=	12
21	+		=	17

22	+	18	=	
53	-	15	=	
84	+	4	=	
48	+	41	=	
84	+	33	=	
86	-		=	10
52	-		=	0
44	+		=	97
68	+		=	99
54	+		=	74
	+	88	=	99
	-	55	=	6
	+	42	=	88
	+	66	=	98
	-	87	=	2
	+	92	=	98
	-	21	=	5
	+	18	=	29
	-	57	=	32
	+	5	=	78
91	+	5	=	
56	-	5	=	
22	+	27	=	
53	-	9	=	
45	+	20	=	

22	+	6	=	
68	-	9	=	
96	+	8	=	
74	-	7	=	
48	-	5	=	
54	+		=	68
82	+		=	96
46	-		=	21
14	-		=	3
28	-		=	4
	+	81	=	99
	-	52	=	4
	-	26	=	13
	+	34	=	8
	+	18	=	8
	-	44	=	1
	+	78	=	88
	-	54	=	21
	+	96	=	98
	+	79	=	99
18	+	49	=	
17	+	26	=	
14	+	30	=	
81	-	22	=	
12	+	51	=	

SCHREIBE DIE FEHLENDE ZAHL IN DAS LEERE FELD

SCHWIERIGKEIT 2

150	+	20	=	
100	-	70	=	
50	+	150	=	
90	+	30	=	
20	+	90	=	
140	-	30	=	
160	-	90	=	
100	+	80	=	
90	+	50	=	
80	+	70	=	
70	+	90	=	
60	-	40	=	
160	+	20	=	
180	+	10	=	
150	-	60	=	
100	+	70	=	
120	-	80	=	
100	+	10	=	
90	-	50	=	
120	+	30	=	
190	+	10	=	
110	-	50	=	
10	+	70	=	
180	-	140	=	
50	+	140	=	

150	+		=	190
40	-		=	10
160	+		=	190
20	+		=	180
50	+		=	120
18	-		=	140
14	-		=	30
160	+		=	200
150	+		=	190
60	+		=	100
10	+		=	180
120	-		=	40
160	+		=	190
130	+		=	190
120	-		=	70
90	+		=	150
170	-		=	40
190	+		=	200
190	-		=	80
20	+		=	60
30	+		=	170
140	-		=	70
180	+		=	190
140	-		=	50
20	+		=	180

	+	50	=	100
	-	10	=	120
	+	60	=	160
	+	170	=	190
	+	150	=	180
	-	20	=	170
	-	110	=	20
	+	150	=	170
	+	140	=	160
	+	120	=	190
	+	100	=	120
	-	100	=	20
	+	150	=	170
	+	10	=	120
	-	30	=	150
	+	140	=	190
	-	150	=	20
	+	10	=	140
	-	20	=	10
	+	40	=	90
	+	90	=	150
	-	30	=	160
	+	0	=	100
	-	110	=	20
	+	20	=	60

150	+		=	190
	-	20	=	50
160	+		=	170
	-	80	=	80
180	-	10	=	
	+	60	=	110
	+	150	=	190
100	-	20	=	
	-	80	=	50
	-	30	=	150
10	+		=	170
	-	130	=	50
90	-	30	=	
	+	60	=	120
	+	150	=	180
20	-		=	10
	+	50	=	130
10	-	10	=	
	+	30	=	140
	+	150	=	180
90	+		=	160
	+	80	=	100
80	+	80	=	
	-	10	=	150
180	+	10	=	

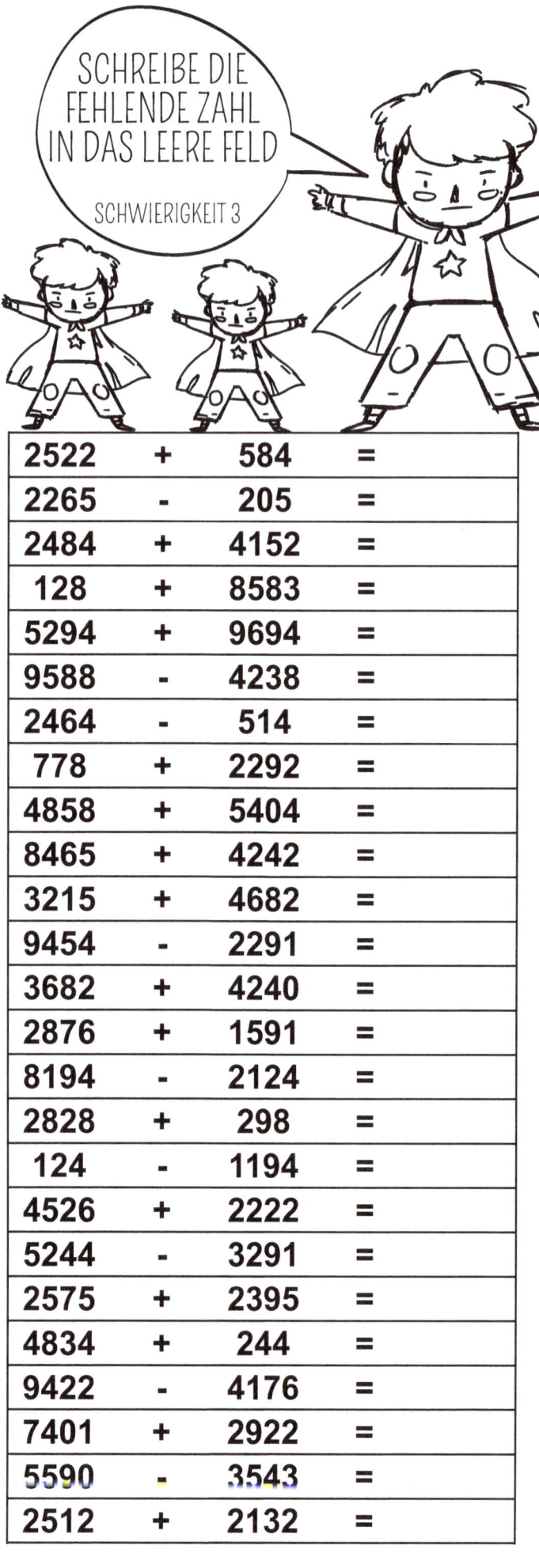

SCHREIBE DIE FEHLENDE ZAHL IN DAS LEERE FELD
SCHWIERIGKEIT 3

2522	+	584	=	
2265	-	205	=	
2484	+	4152	=	
128	+	8583	=	
5294	+	9694	=	
9588	-	4238	=	
2464	-	514	=	
778	+	2292	=	
4858	+	5404	=	
8465	+	4242	=	
3215	+	4682	=	
9454	-	2291	=	
3682	+	4240	=	
2876	+	1591	=	
8194	-	2124	=	
2828	+	298	=	
124	-	1194	=	
4526	+	2222	=	
5244	-	3291	=	
2575	+	2395	=	
4834	+	244	=	
9422	-	4176	=	
7401	+	2922	=	
5590	-	3543	=	
2512	+	2132	=	

	+	2676	=	6466
	-	2564	=	525
	+	2485	=	5559
	+	3597	=	6668
	+	2564	=	8989
	-	1848	=	212
	-	1154	=	116
	+	3265	=	8274
	+	349	=	1951
	+	276	=	929
	+	5624	=	7879
	-	1192	=	580
	+	2201	=	2365
	+	2395	=	5448
	-	1181	=	568
	+	2282	=	5558
	-	283	=	650
	+	359	=	568
	-	1764	=	41
	+	1848	=	5889
	+	4252	=	8956
	-	5396	=	543
	+	4211	=	5682
	-	2588	=	1034
	+	8494	=	6464

2652	+		=	598
595	-		=	21
486	+		=	867
524	+		=	990
820	+		=	956
4362	-		=	4120
351	-	260	=	
545	+	486	=	
4815	+	154	=	
76	+	484	=	
475	+	852	=	
594	-	521	=	
	+	512	=	926
	+	665	=	1098
	-	412	=	178
	+	415	=	5925
	-	840	=	25
	+	416	=	526
826	-		=	52
5482	+		=	9858
262	+		=	334
565	-	526	=	
421	+	254	=	
297	-		=	85
215	+		=	547

269	+	62	=	
	-	28	=	6
	+	554	=	889
	-	674	=	54
	-	431	=	151
414	+	185	=	
	+	352	=	662
469	-		=	44
	-	548	=	16
452	-		=	54
	+	18	=	869
	-	518	=	58
887	-	242	=	
578	+		=	889
452	+		=	669
546	-	321	=	
	+	223	=	987
629	-	120	=	
22	+	216	=	
	+	18	=	1910
536	+	259	=	
140	+		=	1098
	+	553	=	9990
	-	687	=	213
	+	210	=	9497

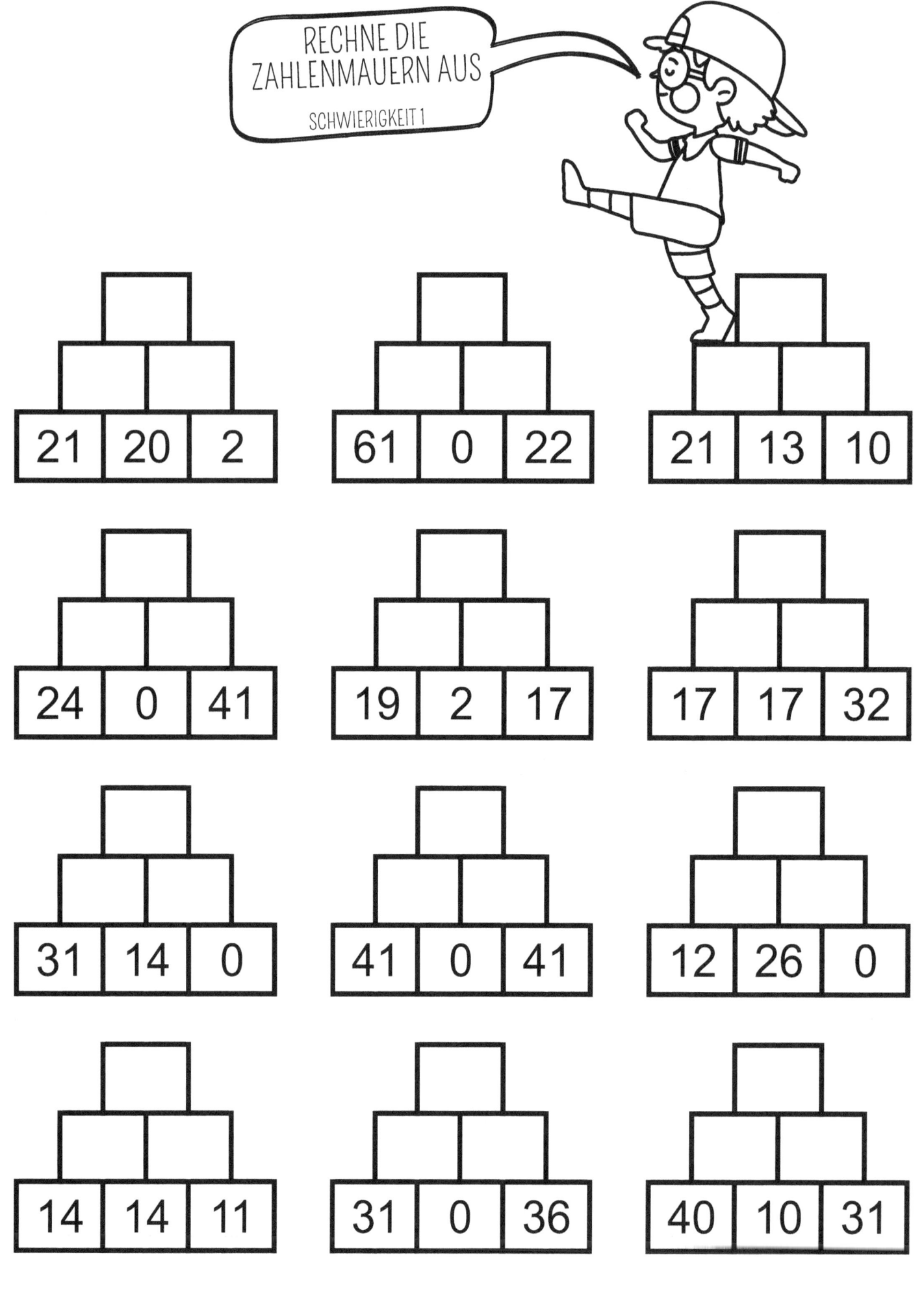

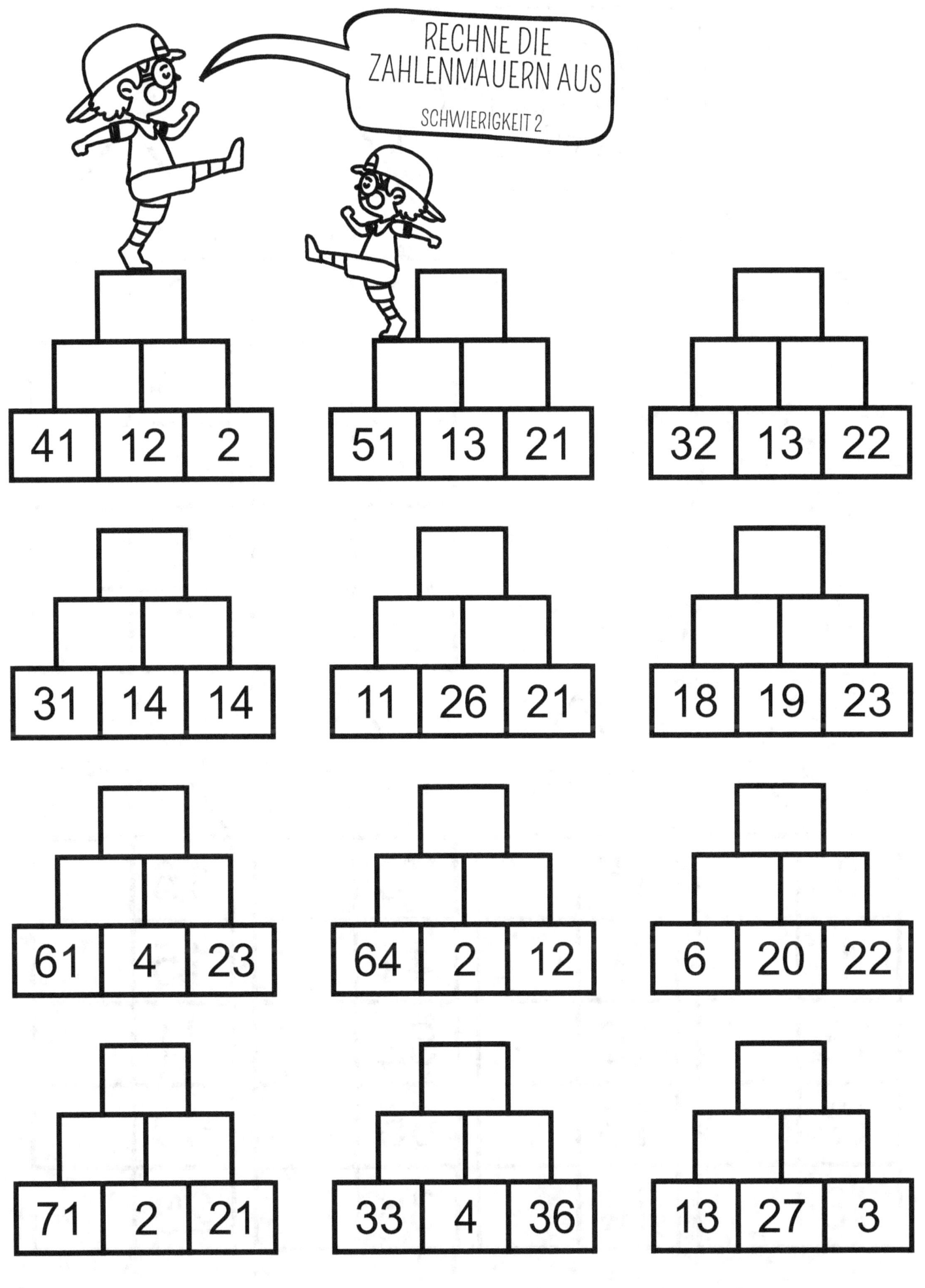

+35	
82	
51	
49	
27	
112	

+79	
80	
52	
34	
76	
11	

+116	
11	
72	
75	
52	
84	

+67	
85	
12	
62	
90	
100	

+77	
13	
42	
74	
15	
120	

+14	
89	
95	
52	
14	
40	

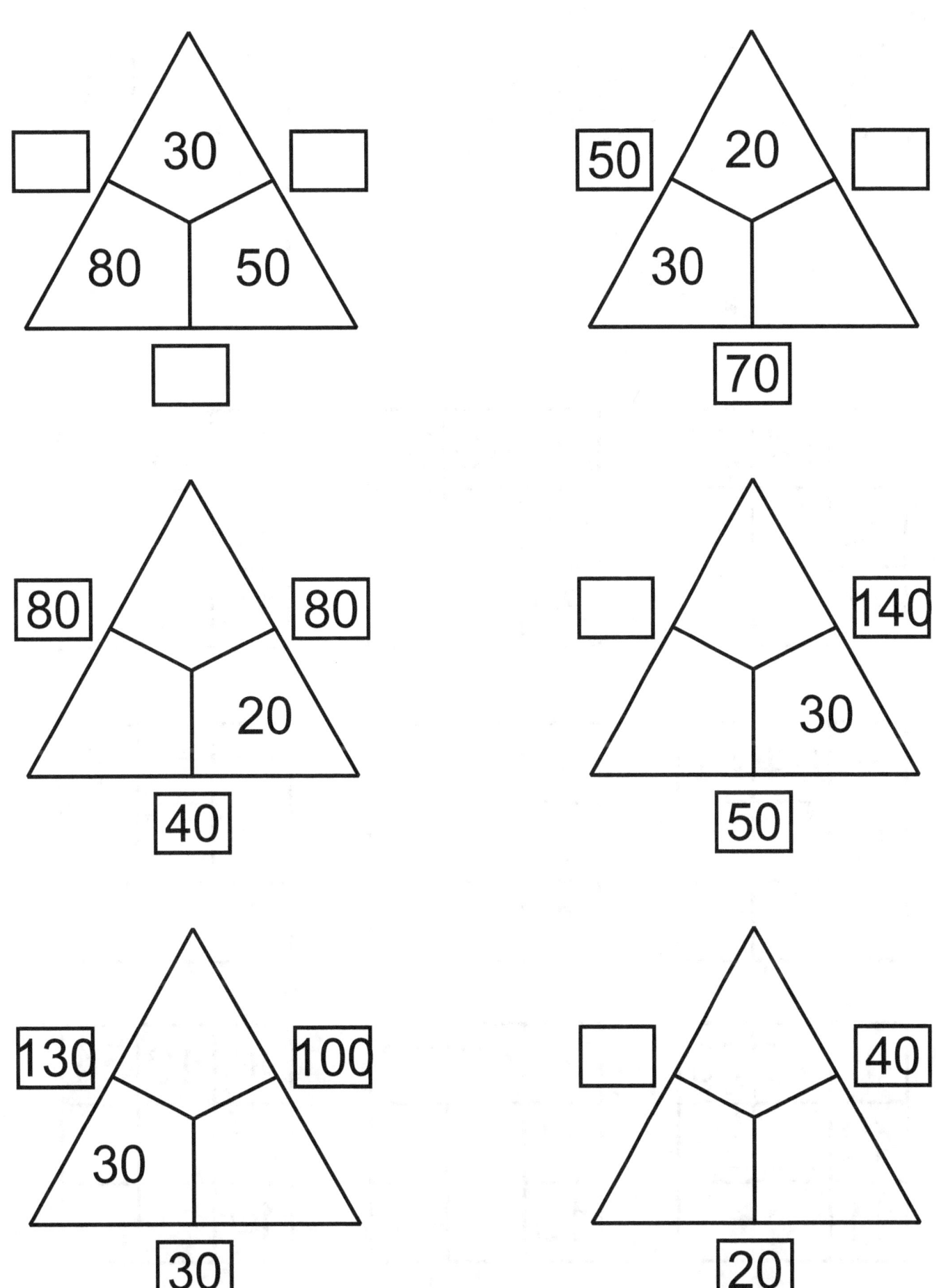

LÖSE DIE ZAHLENGITTER

+	1	8
6	7	14
2	3	10

+	64	57
22		
11		

+	49	92
64		
20		

+	44	61
22		
18		

+	84	42
17		
3		

+	3	6
7		
1		

+	4	3
0		
2		

+	15	83
42		
11		

+	53	82
21		
13		

+	40	54
91		
14		

+	15	64
40		
10		

+	55	41
27		
44		

+	88	21
32		
14		

+	71	45
55		
14		

+	44	65
47		
88		

+	99	11
22		
60		

+	47	81
48		
33		

+	55	31
44		
53		

+	74	20
11		
58		

+	78	11
93		
31		

+	18	79
16		
37		

+	18	67
49		
7		

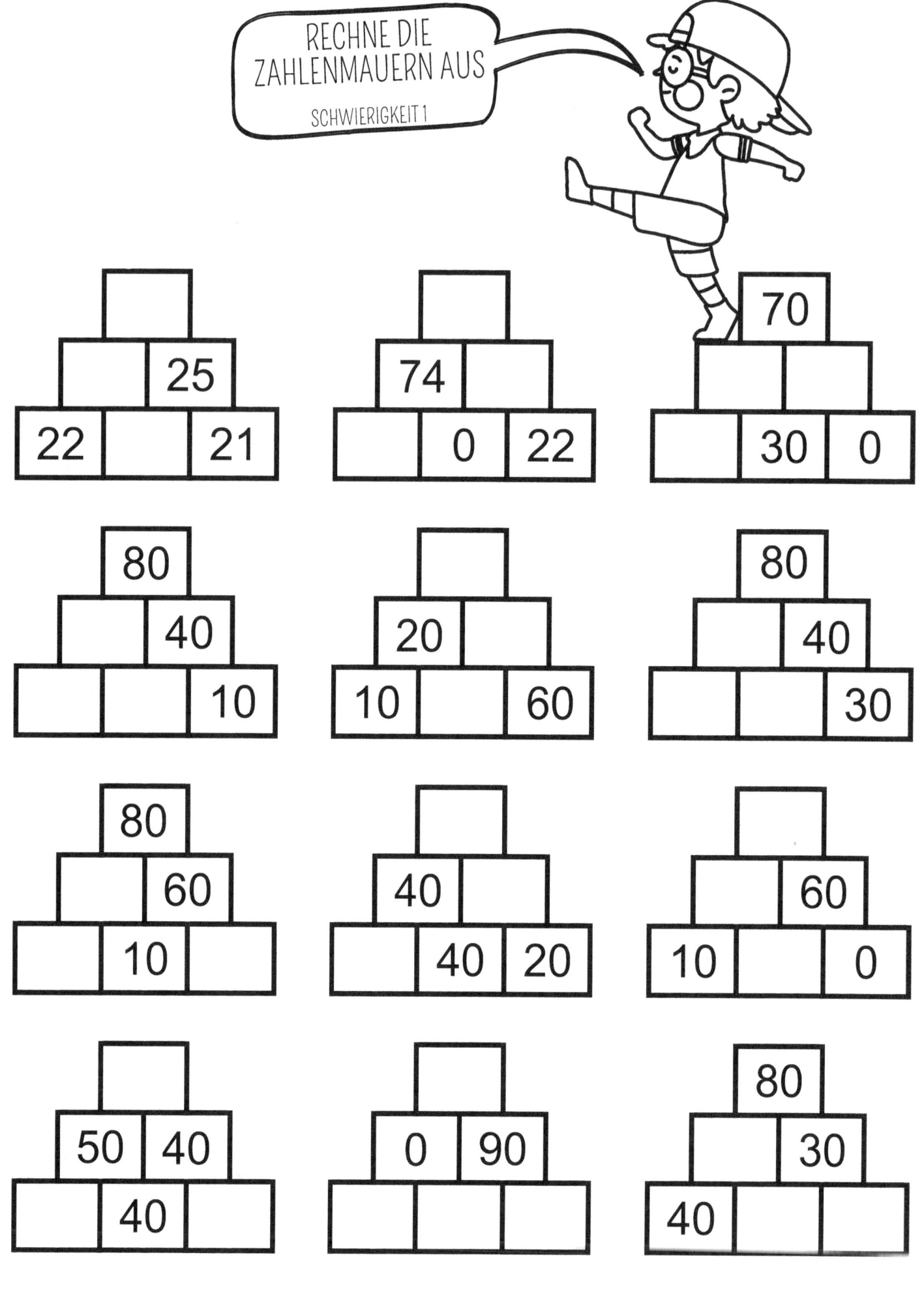

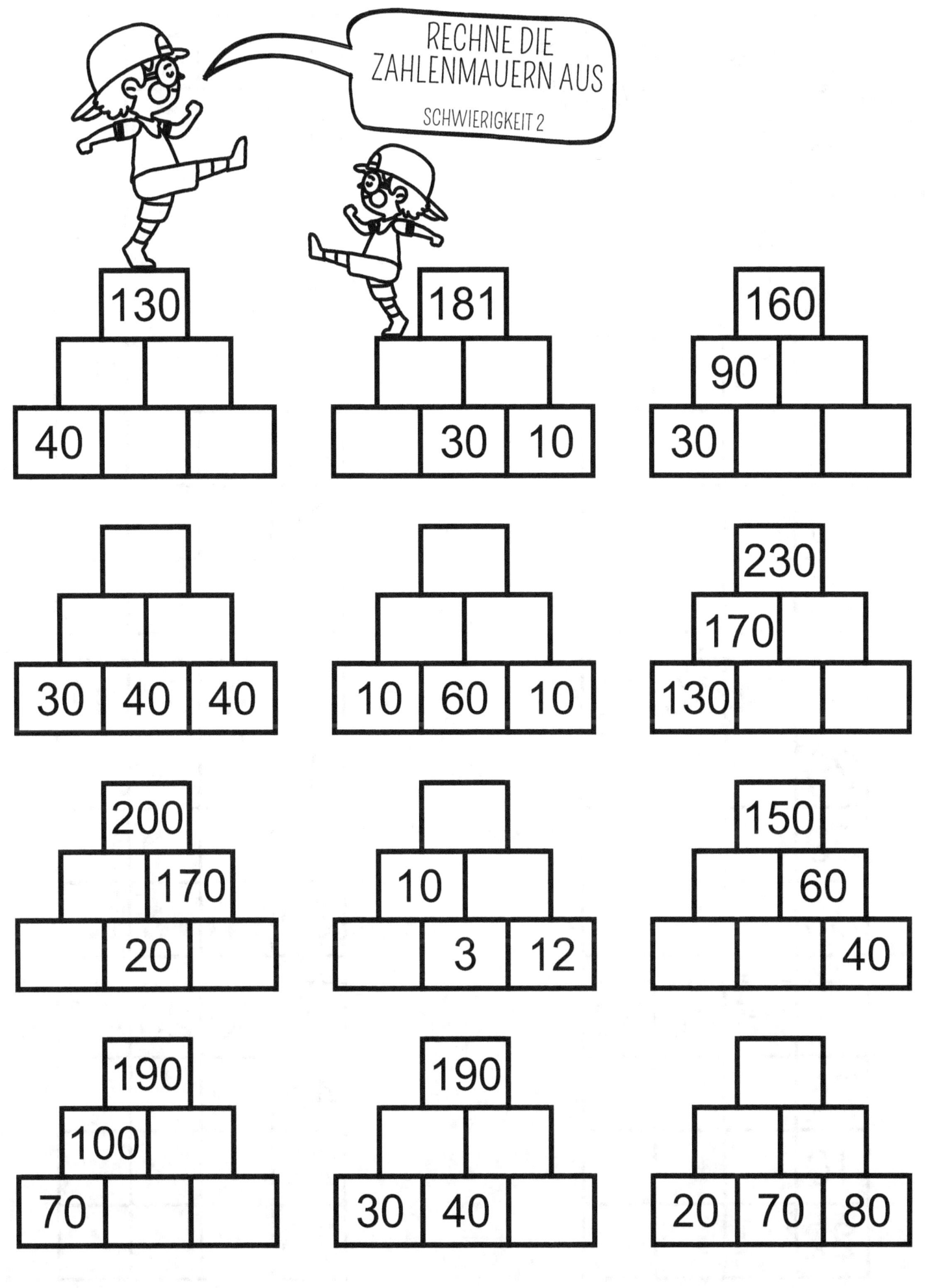

LÖSE DIE ZAHLENGITTER

+	68	27	15
55			
34			
21			

+	65	78	27
52			
14			
20			

+	22	31	97
25			
24			
12			

+	24	18	73
26			
59			
39			

+	49	37	81
25			
32			
60			

+	25	46	88
75			
10			
22			

+	50	25	46
45			
22			
76			

+	65	44	35
80			
23			
17			

+	47	94	58
21			
25			
12			

+	26	62	85
72			
44			
52			

+	28	51	22
31			
71			
43			

+	10	21	19
44			
82			
94			

+	49	85	48
82			
94			
25			

+	43	12	16
62			
13			
71			

+	78	94	82
55			
29			
16			

−38

48	10
55	17
92	54
87	49
152	114

−19

518	499
125	106
123	104
117	98
181	162

−117

154	37
127	10
115	−2
122	5
119	2

−55

58	3
154	99
126	71
119	64
251	196

−122

124	2
136	14
129	7
220	98
116	−6

−214

128	−86
159	−55
125	−89
186	−28
244	30

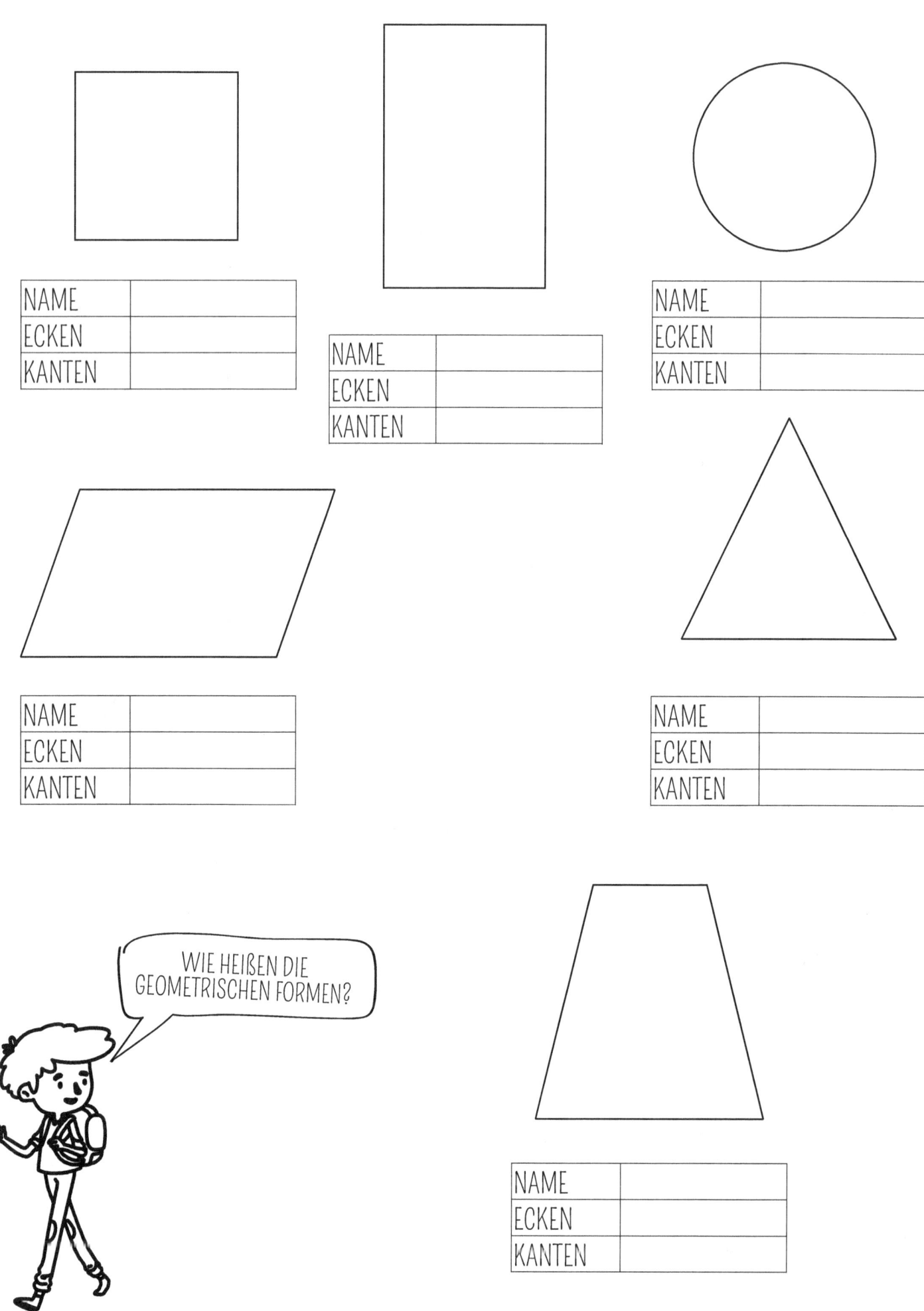

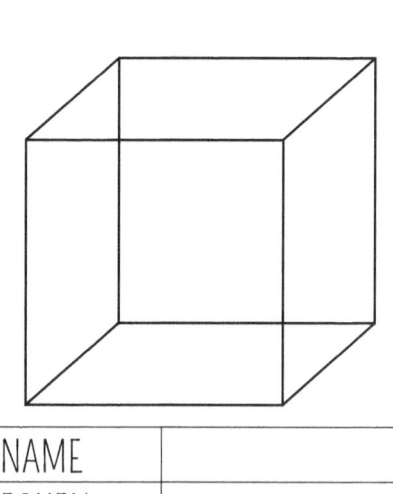
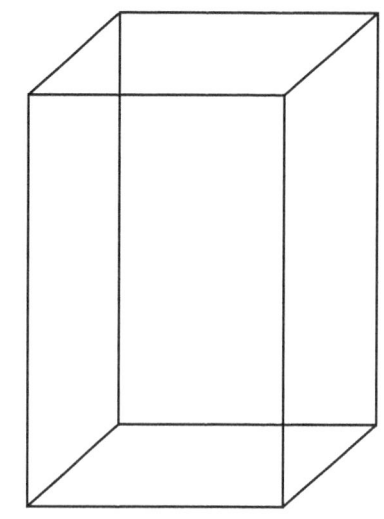
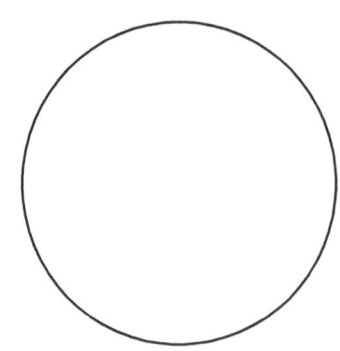

NAME	
ECKEN	
FLÄCHEN	
KANTEN	

NAME	
ECKEN	
FLÄCHEN	
KANTEN	

NAME	
ECKEN	
FLÄCHEN	
KANTEN	

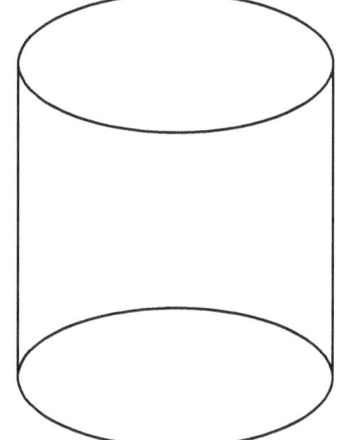

NAME	
ECKEN	
FLÄCHEN	
KANTEN	

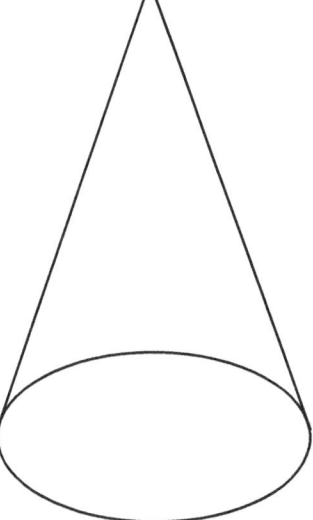

NAME	
ECKEN	
FLÄCHEN	
KANTEN	

WIE HEIßEN DIE GEOMETRISCHEN KÖRPER?

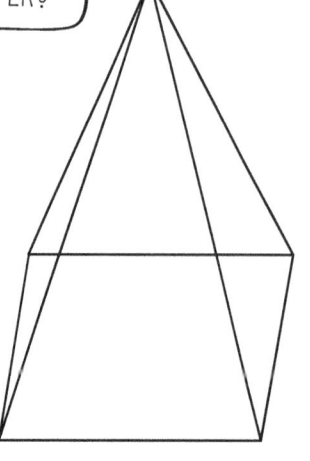

NAME	
ECKEN	
FLÄCHEN	
KANTEN	

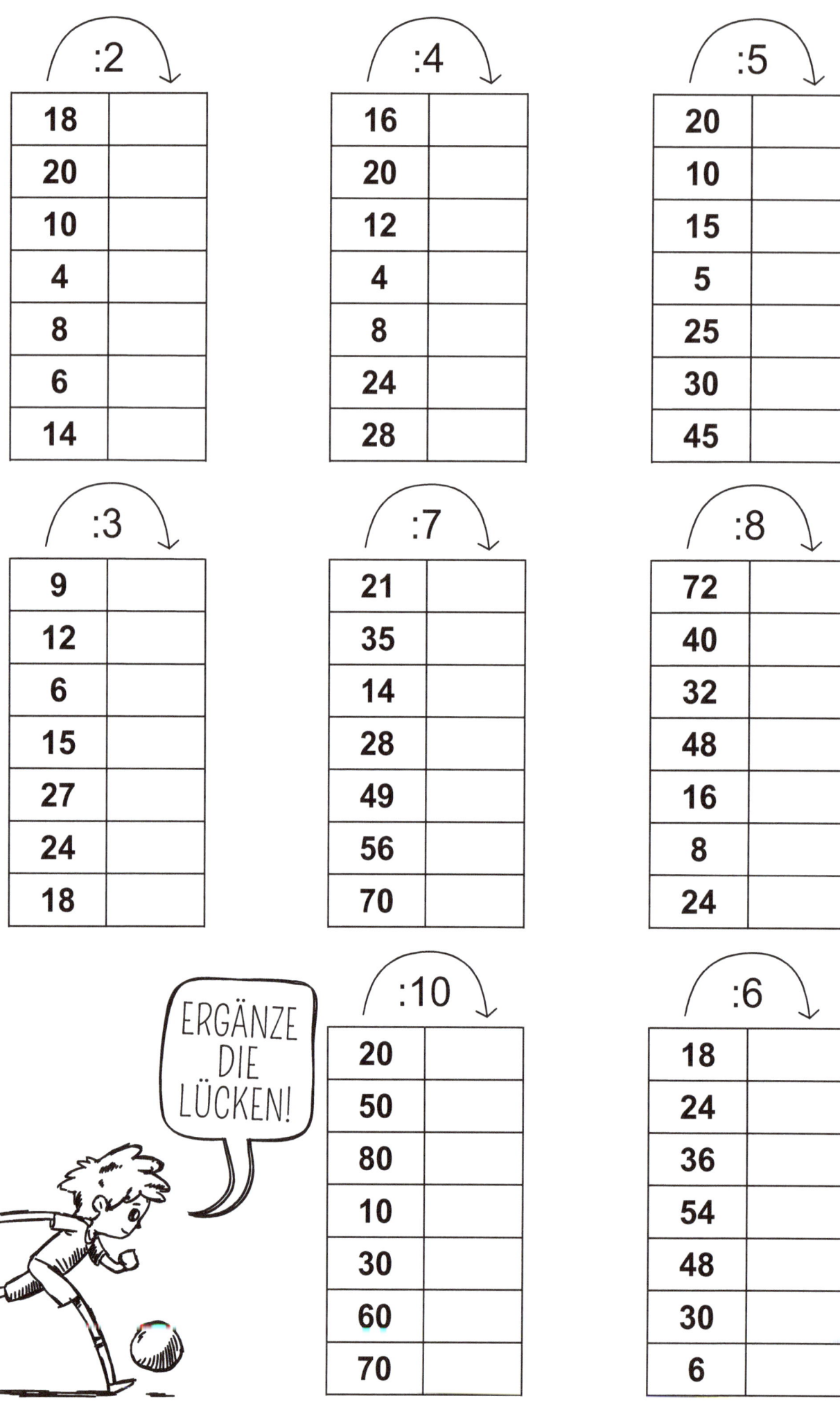

SCHREIBE DIE FEHLENDE ZAHL IN DAS LEERE FELD

64	:	8	=	
24	:	4	=	
42	:	6	=	
32	:	8	=	
49	:	7	=	
25	:	5	=	
18	:	2	=	
21	:	3	=	
8	:	1	=	
40	:	4	=	
45	:	5	=	
12	:	6	=	
56	:	7	=	
15	:	5	=	
4	:	2	=	
10	:	5	=	
48	:	6	=	
15	:	3	=	
32	:	4	=	
4	:	1	=	
10	:	2	=	
27	:	3	=	
54	:	6	=	
63	:	7	=	
36	:	4	=	

56	:	8	=	
81	:	9	=	
32	:	4	=	
50	:	5	=	
60	:	6	=	
18	:	2	=	
27	:	3	=	
10	:	1	=	
28	:	4	=	
20	:	5	=	
30	:	6	=	
8	:	2	=	
28	:	4	=	
70	:	7	=	
25	:	5	=	
42	:	6	=	
16	:	2	=	
24	:	3	=	
12	:	4	=	
42	:	7	=	
20	:	5	=	
24	:	6	=	
8	:	2	=	
18	:	3	=	
7	:	1	=	

SCHREIBE DIE FEHLENDE ZAHL IN DAS LEERE FELD

9	:	9	=	
14	:	7	=	
8	:	8	=	
80	:	10	=	
48	:	8	=	
40	:	4	=	
45	:	5	=	
54	:	9	=	
50	:	10	=	
36	:	6	=	
18	:	9	=	
45	:	5	=	
24	:	4	=	
56	:	8	=	
100	:	10	=	
10	:	2	=	
18	:	6	=	
14	:	2	=	
63	:	9	=	
49	:	7	=	
90	:	10	=	
20	:	4	=	
64	:	8	=	
28	:	4	=	
54	:	9	=	

81	:	9	=	
56	:	8	=	
56	:	7	=	
27	:	9	=	
24	:	8	=	
50	:	5	=	
42	:	6	=	
54	:	9	=	
16	:	8	=	
27	:	9	=	
90	:	9	=	
81	:	9	=	
80	:	8	=	
56	:	7	=	
28	:	4	=	
5	:	5	=	
12	:	6	=	
5	:	1	=	
14	:	2	=	
9	:	3	=	
24	:	4	=	
24	:	8	=	
27	:	9	=	
20	:	1	=	
20	:	5	=	

	:	6	=	2
	:	7	=	6
	:	2	=	8
	:	8	=	4
	:	5	=	5
	:	5	=	2
25	:	5	=	
63	:	9	=	
14	:	7	=	
24	:	8	=	
25	:	5	=	
20	:	4	=	
18	:	2	=	
32	:		=	4
	:	8	=	8
16	:		=	8
35	:		=	5
	:	6	=	6
25	:	5	=	
	:	10	=	2
10	:	1	=	
	:	5	=	6
	:	5	=	1
12	:	2	=	
50	:		=	5

	:	8	=	8
	:	4	=	7
35	:	5	=	
	:	6	=	9
50	:	10	=	
	:	8	=	1
	:	10	=	10
81	:	9	=	
35	:	7	=	
54	:	6	=	
	:	9	=	8
40	:	4	=	
	:	2	=	10
	:	6	=	4
56	:	8	=	
	:	9	=	6
28	:	7	=	
	:	5	=	2
20	:	4	=	
	:	8	=	1
60	:	6	=	
18	:	2	=	
	:	6	=	8
64	:	8	=	
	:	7	=	4

LIEBE ELTERN,

VIELEN DANK FÜR DEN KAUF UND DAS VERTRAUEN!

ICH HABE EINE KLEINE BITTE AN DICH. PRODUKTREZENSIONEN SIND DIE GRUNDLAGE FÜR MEINEN ERFOLG AUF AMAZON. DAHER WÜRDE ICH DICH BITTEN MIR FEEDBACK, MITTELS EINER REZENSION, ZU GEBEN.

WENN DU FRAGEN, ANREGUNGEN, VERBESSERUNGEN ODER WÜNSCHE HAST, KANNST DU DICH GERNE UNTER

LARS.HAGENSTEIN@WEB.DE

MELDEN.

HERZLICHEN DANK

LARS HAGENSTEIN

© 2020 Patrick Meyer
1. Auflage
Alle Rechte vorbehalten
Druck: Amazon Media EU S.à r.l.Rue Plaetis - 2338 Luxemburg
Das Werk, einschließlich seiner Teile, ist urheberrechtlich geschützt.
Jede Verwertung ist ohne Zustimmung des Verlages und des Autors unzulässig.
Veröffentlicht von: Patrick Meyer
COVER: Depositphotos, Vexels, Pixabay, Canvas
Independently published
PATRICK MEYER, HUBSCHSTRAßE 18, 95448 BAYREUTH
patrick-meyer-92@web.de

www.ingramcontent.com/pod-product-compliance
Lightning Source LLC
Chambersburg PA
CBHW080503220526
45465CB00006B/2363

9798657007060